How can **one** be enough for **many**?

Sharing is our goal.

You can break a **whole** into **parts**, and parts make up a whole.

Here's a **whole** apple pie—
tasty, tart, and sweet!

Here's a **part**.

Here's a **half**.

Here's one last **piece** to eat!

Take **part** of a head
of lettuce and **some**
tomato, too.

With **slices** of bread and slices of cheese, there's a **whole** sandwich for you!

When **dividing** pizza pies, should each **slice** be of equal size?

Yes, everyone knows how to share. All **parts** the **same** so that it's fair!

Here is one **whole** birthday cake for six kids to eat.

Into how many **pieces** should it be cut so each can have a treat?

A **half** is a half, no matter the shape, the color, or the size.

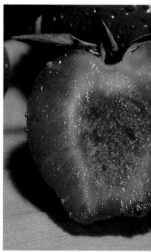

Which fruits have been cut in two **equal** parts? Find the **halves**—just use your eyes.

Which glasses are **partly** filled? Which glasses have **some**?

Can you find a **whole** glass of milk or a glass that has **none**?

You've seen how one can be enough
for many. Sharing has been our goal.
Find **halves** and **pieces**, **parts** and **slices**
Can you find a **whole**?